Ruby Jindal

A Arte da Inteligência: Navegar na procura de mentes artificiais

Ruby Jindal

A Arte da Inteligência: Navegar na procura de mentes artificiais

ScienciaScripts

Cover image: www.ingimage.com

This book is a translation from the original published under ISBN 978-620-7-65043-9.

Publisher:
Sciencia Scripts
is a trademark of
Dodo Books Indian Ocean Ltd. and OmniScriptum S.R.L publishing group

120 High Road, East Finchley, London, N2 9ED, United Kingdom
Str. Armeneasca 28/1, office 1, Chisinau MD-2012, Republic of Moldova, Europe
Printed at: see last page
ISBN: 978-620-7-68794-7

ÍNDICE

Prefácio

No domínio das realizações humanas, poucas fronteiras captaram a nossa imaginação e curiosidade colectivas como a da inteligência artificial (IA). Desde o início do conceito até às suas manifestações actuais, a IA evoluiu de uma noção especulativa para uma parte integrante da nossa vida quotidiana, remodelando indústrias, influenciando a cultura e desafiando a nossa compreensão da própria inteligência.

"A Arte da Inteligência: Navigating the Demand for Artificial Minds" investiga a paisagem multifacetada da IA, explorando as suas origens, aplicações e implicações para a sociedade. Este livro não é apenas um manual técnico ou um tratado filosófico; é antes uma exploração holística que procura iluminar a interação entre tecnologia, cultura, ética e psicologia humana na era da IA.

Este livro destina-se a um público alargado, desde os novatos curiosos que procuram uma introdução à IA até aos especialistas experientes que procuram uma visão do seu impacto social. Quer seja um estudante, um profissional, um artista ou simplesmente um observador curioso do mundo que o rodeia, "A Arte da Inteligência" convida-o a embarcar numa viagem de exploração e descoberta - uma viagem que ilumina a intrincada tapeçaria do engenho humano e os horizontes sempre em expansão das mentes artificiais.

Por

Dr. Ruby Jindal

(Universidade K.R.Mangalam, Gurugram)

Capítulo 1: Introdução à Inteligência Artificial

A Inteligência Artificial (IA) está na vanguarda da inovação tecnológica moderna, prometendo revolucionar a forma como vivemos, trabalhamos e interagimos com o mundo que nos rodeia. Neste capítulo introdutório, embarcaremos numa viagem para compreender os conceitos fundamentais, as raízes históricas e o significado contemporâneo da IA.

Definição de Inteligência Artificial (IA): A Inteligência Artificial (IA) representa um paradigma na ciência e engenharia informáticas que tem como objetivo replicar e aumentar a inteligência humana nas máquinas. Na sua essência, a IA envolve o desenvolvimento de sistemas informáticos capazes de realizar tarefas que tradicionalmente necessitam da inteligência humana. Estas tarefas abrangem um espetro diversificado, que vai desde a resolução de problemas e o reconhecimento de padrões à compreensão da linguagem, à tomada de decisões e até a actividades criativas como a arte e a criação de música.

Os sistemas de IA funcionam com base no princípio da simulação das capacidades cognitivas humanas, permitindo que as máquinas aprendam com os dados, se adaptem a novas situações e tomem decisões autónomas sem necessidade de programação explícita. Ao contrário dos programas de software tradicionais que seguem instruções predefinidas, os sistemas de IA utilizam algoritmos e modelos computacionais para imitar a forma como os seres humanos pensam e processam a informação.

Os principais componentes da IA incluem:

1. Aprendizagem automática: A aprendizagem automática é a pedra angular da IA, permitindo que os sistemas melhorem o seu desempenho ao longo do tempo através da exposição aos dados. Os algoritmos de aprendizagem supervisionada, por exemplo, aprendem com exemplos rotulados para fazer previsões ou classificações, enquanto os algoritmos de aprendizagem não supervisionada identificam padrões e estruturas nos dados sem orientação explícita. A aprendizagem por reforço, outra abordagem proeminente, permite que os sistemas de IA aprendam um comportamento ótimo através de interacções de tentativa e erro com o seu ambiente.

2. Redes neurais: Inspiradas na estrutura e função do cérebro humano, as redes neuronais são modelos computacionais compostos por nós interligados (neurónios) dispostos em camadas. As redes neuronais profundas, em particular, têm demonstrado um sucesso notável em tarefas como o reconhecimento de imagens, o processamento de linguagem natural e o reconhecimento de voz, graças à sua capacidade de extrair automaticamente características hierárquicas de dados brutos.
3. Processamento de linguagem natural (PNL): As técnicas de PNL permitem aos computadores compreender, interpretar e gerar linguagem humana de uma forma semanticamente significativa. Desde a análise de sentimentos e a tradução de línguas até aos chatbots e assistentes virtuais, a PNL desempenha um papel fundamental na interação e comunicação entre o homem e o computador.
4. Visão por computador: A visão por computador implica o desenvolvimento de algoritmos e sistemas capazes de compreender e interpretar a informação visual do ambiente circundante. As aplicações da visão computacional vão desde a classificação de imagens e deteção de objectos até ao reconhecimento facial e condução autónoma, revolucionando indústrias como a dos cuidados de saúde, automóvel e vigilância.

Contexto histórico: De Alan Turing à aprendizagem profunda: A história da IA é rica e complexa, remontando a meados do século XX. Uma das figuras fundamentais da IA é Alan Turing, cujo trabalho seminal lançou as bases da computação moderna e os fundamentos teóricos da IA. Em 1950, Turing propôs o famoso Teste de Turing como medida da capacidade de uma máquina apresentar um comportamento inteligente indistinguível do de um ser humano.

O domínio da IA registou progressos e retrocessos significativos nas décadas seguintes, marcados por períodos de otimismo, conhecidos como "Verões da IA", e de ceticismo, apelidados de "Invernos da IA". Os avanços na IA simbólica, que se baseava no raciocínio lógico e em sistemas baseados em regras, foram seguidos por avanços na aprendizagem automática e nas redes neuronais.

Nos últimos anos, a aprendizagem profunda emergiu como um paradigma dominante na IA, impulsionada pela disponibilidade de grandes quantidades de dados, recursos computacionais poderosos e inovações algorítmicas. Os modelos de aprendizagem profunda, inspirados na estrutura e função do cérebro humano, alcançaram um sucesso notável em áreas como o reconhecimento de imagens, o processamento de linguagem natural e a jogabilidade, ultrapassando o desempenho humano em muitas tarefas.

O cenário moderno da IA: A história da Inteligência Artificial (IA) é uma história de engenho, perseverança e mudanças de paradigma, que remonta a meados do século XX. É uma narrativa que se desenrola tendo como pano de fundo descobertas científicas, inovações tecnológicas e debates intelectuais, com figuras centrais como Alan Turing a moldar a sua trajetória.

Alan Turing, frequentemente aclamado como o pai da computação moderna, deu contributos inovadores para os fundamentos teóricos da IA. Em 1950, Turing propôs o Teste de Turing como referência para avaliar a capacidade de uma máquina apresentar um comportamento inteligente indistinguível do de um ser humano. Este conceito seminal lançou as bases para a prossecução da inteligência artificial como disciplina científica, inspirando gerações de investigadores a desvendar os mistérios da inteligência das máquinas.

Nas décadas seguintes, o campo da IA oscilou entre períodos de otimismo e ceticismo, caracterizados pelo que veio a ser conhecido como "verões da IA" e "invernos da IA". Durante os verões da IA, alimentados por avanços tecnológicos e visões ambiciosas, os investigadores fizeram progressos significativos na IA simbólica, que se baseava no raciocínio lógico e em sistemas baseados em regras para emular a inteligência humana. Os primeiros êxitos, como o desenvolvimento de sistemas especializados para diagnóstico médico e tradução de línguas, alimentaram o otimismo quanto ao potencial transformador da IA.

No entanto, as aspirações grandiosas dos Verões da IA foram muitas vezes temperadas pelas duras realidades das limitações tecnológicas e das expectativas não satisfeitas, levando a períodos de desilusão e ceticismo conhecidos como Invernos da IA. Os cortes nos financiamentos, as restrições computacionais e os desafios técnicos por resolver diminuíram o entusiasmo pela investigação em IA, levando alguns a questionar a viabilidade de alcançar uma inteligência de nível humano nas máquinas.

No meio destes fluxos e refluxos, o domínio da IA continuou a evoluir, impulsionado por uma procura incessante de inovação e descoberta. Os avanços na aprendizagem automática, inspirados por conhecimentos da neurociência e da psicologia cognitiva, anunciaram uma nova era de progresso na investigação em IA. Os algoritmos de aprendizagem automática, capazes de extrair padrões e conhecimentos a partir de grandes quantidades de dados, demonstraram um desempenho sem precedentes em tarefas como o reconhecimento de imagens, o processamento de linguagem natural e a jogabilidade.

A aprendizagem profunda, um subconjunto da aprendizagem automática inspirado na estrutura e função do cérebro humano, emergiu como um paradigma dominante na IA. Impulsionados pela disponibilidade de enormes conjuntos de dados, poderosos recursos computacionais e inovações algorítmicas, os modelos de aprendizagem profunda revolucionaram a investigação em IA, ultrapassando o desempenho humano em muitos domínios. Desde o triunfo do AlphaGo no antigo jogo Go até aos modelos de linguagem de última geração, como o GPT (Generative Pre-trained Transformer), a aprendizagem profunda alargou os limites do que é possível na IA, abrindo novas fronteiras de criatividade, inovação e descoberta.

Assim, a história da IA é um testemunho do engenho humano e da busca incessante do conhecimento. Desde as ideias visionárias de Alan Turing até ao poder transformador da aprendizagem profunda, cada capítulo da história da IA reflecte o esforço coletivo de investigadores, engenheiros e inovadores que se esforçam por desvendar os mistérios da inteligência e criar máquinas capazes de transcender as limitações da cognição humana. Estando nós no limiar de uma nova era da IA, caracterizada por avanços sem precedentes e desafios imprevistos, é essencial honrar as lições do passado e, ao mesmo tempo, abraçar as possibilidades do futuro.

Capítulo 2: A ascensão da IA: um fenómeno cultural

À medida que a inteligência artificial (IA) continua a permear vários aspectos das nossas vidas, a sua presença na cultura popular tem crescido exponencialmente, reflectindo e moldando as percepções, esperanças e receios da sociedade. Neste capítulo, exploramos a relação multifacetada entre a IA e a cultura, examinando a sua representação na literatura, no cinema, nos media e o seu impacto na arte e na criatividade.

A IA na cultura popular: Da ficção científica à realidade: A representação da Inteligência Artificial (IA) na cultura popular é anterior ao seu aparecimento como tecnologia tangível, com a ficção científica a servir de terreno fértil para explorar as possibilidades e os perigos das máquinas inteligentes. Da literatura ao cinema, a IA cativou audiências em todo o mundo, despertando a imaginação e provocando a reflexão sobre as implicações éticas, filosóficas e existenciais da inteligência artificial.

Na literatura, obras seminais como "Frankenstein" de Mary Shelley e a série "Robot" de Isaac Asimov lançaram as bases para a exploração da complexa relação entre a humanidade e a tecnologia. O conto preventivo de Shelley sobre a criação arrogante de um ser sensível por um cientista serve de aviso intemporal contra a busca desenfreada do avanço científico. Entretanto, a exploração das "Três Leis da Robótica" de Asimov mergulha em questões de ética, moralidade e responsabilidades inerentes à criação de máquinas inteligentes.

No cinema, filmes icónicos como "Metropolis" de Fritz Lang, "2001: Uma Odisseia no Espaço" de Stanley Kubrick e "Blade Runner" de Ridley Scott deixaram uma marca indelével na cultura popular, moldando as percepções da IA e o seu potencial impacto na sociedade. "Metropolis", um filme mudo inovador lançado em 1927, apresentou a personagem Maria, um robô humanoide criado por um cientista louco para semear o caos e a discórdia entre a classe trabalhadora. A representação de Maria como uma maravilha da tecnologia e um símbolo de perturbação social prefigurava os dilemas éticos e as ansiedades sociais em torno da IA.

"2001: Uma Odisseia no Espaço", lançado em 1968, é uma obra-prima cinematográfica que explora a evolução da inteligência e a natureza enigmática da IA através da personagem de HAL 9000, um computador sensível a bordo de uma nave espacial. A descida gradual de HAL à paranoia e à loucura desafia as noções convencionais de IA como benevolente e infalível, levantando questões profundas sobre a relação entre homem e máquina.

O filme "Blade Runner", lançado em 1982 e baseado no romance de Philip K. Dick "Do Androids Dream of Electric Sheep?", apresenta uma visão distópica de um futuro em que seres criados artificialmente, conhecidos como replicantes, lutam por autonomia e reconhecimento num mundo dominado por humanos. O filme explora temas como a identidade, a consciência e a empatia, suscitando debates sobre os direitos e o tratamento ético das entidades de IA.

Estas narrativas cinematográficas não só entretêm como também provocam a reflexão sobre as implicações sociais mais vastas da IA. Ao retratar a IA como uma fonte de maravilha e um prenúncio de futuros distópicos, estes filmes desafiam o público a contemplar os dilemas éticos, morais e existenciais colocados pela criação de máquinas inteligentes. À medida que a IA continua a progredir e a integrar-se no nosso quotidiano, as ideias retiradas da cultura popular servem como pedras de toque valiosas para navegar nas complexidades de um mundo moldado pela inteligência artificial.

A IA na literatura, no cinema e nos media: **Reflexos das esperanças e dos receios da sociedade**: A literatura, o cinema e os meios de comunicação social funcionam como espelhos que reflectem as esperanças, os receios e as aspirações da sociedade relativamente à Inteligência Artificial (IA). Através destes meios criativos, artistas e contadores de histórias exploram as complexidades da interação homem-máquina, as implicações do avanço tecnológico e as questões existenciais levantadas pelo aparecimento de máquinas inteligentes.

Romances como "Do Androids Dream of Electric Sheep?", de Philip K. Dick, e "Neuromancer", de William Gibson, aprofundam os meandros da IA e o seu impacto na sociedade. Na obra seminal de Dick, a linha entre o ser humano e a máquina esbate-se à medida que o protagonista Rick Deckard navega num mundo onde os andróides se debatem com questões de identidade, empatia e auto-consciência. Do mesmo modo, "Neuromancer", de Gibson, mergulha os leitores numa distopia cyberpunk em que as entidades de IA, conhecidas como "AIs", possuem consciência e ação, desafiando as noções tradicionais de inteligência e autonomia.

No cinema e na televisão, as personagens de IA são retratadas tanto como aliadas como adversárias, reflectindo a ambivalência da sociedade em relação ao progresso tecnológico. O filme "Her" de Spike Jonze apresenta uma exploração pungente das relações entre humanos e IA, quando o protagonista Theodore se apaixona por um sistema operativo de IA chamado Samantha. O filme aborda temas como a solidão, a intimidade e a natureza da consciência, levando o público a refletir sobre as complexidades emocionais das interacções entre humanos e IA.

Por outro lado, o franchise "O Exterminador do Futuro" de James Cameron retrata um futuro de pesadelo em que máquinas controladas por IA travam uma guerra contra a humanidade. A personagem icónica da Skynet, um sistema de IA autoconsciente, personifica os receios da sociedade em relação ao domínio tecnológico e às ameaças existenciais colocadas pela IA. Através da lente da ficção científica, o franchise "O Exterminador do Futuro" alerta para as potenciais consequências do desenvolvimento descontrolado da IA e para os perigos de ceder o controlo a máquinas inteligentes.

Na literatura, no cinema e nos media, as narrativas sobre IA reflectem as esperanças e os receios da sociedade relativamente às promessas e aos perigos do avanço tecnológico. Quer retratem visões utópicas de coexistência harmoniosa ou pesadelos distópicos de opressão e conflito, estas histórias obrigam o público a confrontar-se com as implicações éticas, morais e existenciais da IA. Ao envolver-se com as narrativas de IA, a sociedade debate-se com questões de identidade, consciência e condição humana, forjando uma compreensão mais profunda da nossa relação com a tecnologia e do papel evolutivo da IA na formação do nosso futuro coletivo.

A influência da IA na arte e na criatividade: Para além da sua representação na literatura e no cinema, a Inteligência Artificial (IA) surgiu como uma força transformadora no domínio da arte e da criatividade, permitindo aos artistas e criadores explorar novas formas de expressão e inovação. Ao aproveitarem o poder da IA, os artistas estão a redefinir as fronteiras da criatividade, desafiando as noções tradicionais de autoria e abrindo possibilidades interessantes de colaboração.

A IA como ferramenta criativa: A IA tornou-se uma ferramenta poderosa para gerar arte, música e outros resultados criativos através de técnicas como a arte generativa, a composição algorítmica e as instalações interactivas. Estes processos orientados para a IA permitem a criação de obras que são não só provocadoras do ponto de vista visual e concetual, mas também frequentemente inesperadas, ultrapassando os limites do que é considerado possível na criação artística.

Um dos exemplos mais notáveis de IA na arte é o DeepDream da Google, um programa de IA que utiliza redes neurais convolucionais para melhorar e modificar imagens, criando imagens surreais e oníricas. Os resultados do DeepDream caracterizam-se pelos seus padrões intrincados e cores vibrantes, esbatendo as linhas entre a imaginação humana e a geração automática.

As Redes Adversárias Generativas (GANs), desenvolvidas pela NVIDIA e outras organizações, exemplificam ainda mais o potencial da IA na arte. As GANs consistem em duas redes neurais - um gerador e um discriminador - que trabalham em conjunto para criar imagens que podem ser indistinguíveis de fotografias reais. Projectos como o StyleGAN e o DALL-E utilizam esta tecnologia para produzir imagens espantosas e muitas vezes bizarras, demonstrando a capacidade da IA para gerar conceitos artísticos e estéticos totalmente novos.

A IA na música e na arte interactiva: A influência da IA estende-se para além da arte visual, à música e às instalações interactivas. Ferramentas de composição algorítmica como o MuseNet da OpenAI e o Magenta da Google permitem aos músicos compor música em vários estilos e géneros, experimentando novas melodias e harmonias geradas pela IA. Estas ferramentas não só expandem as possibilidades criativas dos compositores, como também democratizam a criação musical, permitindo que indivíduos com pouca formação formal produzam peças musicais sofisticadas.

As instalações artísticas interactivas alimentadas por IA oferecem experiências imersivas e dinâmicas ao público. Estas instalações respondem frequentemente às interacções dos espectadores, criando um sentimento de envolvimento e co-criação. Ao incorporar a IA, os artistas podem desenvolver ambientes que evoluem e se adaptam em tempo real, proporcionando experiências únicas e personalizadas a cada participante.

Desafiar as noções tradicionais de autoria: A integração da IA no processo criativo levanta questões importantes sobre autoria e agência. Tradicionalmente, a criação artística tem sido vista como um esforço profundamente humano, enraizado na expressão e intenção individuais. No entanto, a arte gerada por IA desafia esta noção ao introduzir o conceito de criatividade mecânica, em que o papel do artista deixa de ser o único criador e passa a ser um colaborador do sistema de IA.

Esta mudança exige uma reavaliação do que significa criar e quem (ou o quê) pode ser considerado um autor. Embora a IA possa gerar conteúdos, em última análise, é o artista humano que faz a curadoria, interpreta e dá sentido ao trabalho. Esta dinâmica de colaboração entre humanos e máquinas abre novos caminhos para a exploração e experimentação artísticas, promovendo uma compreensão mais profunda da própria criatividade.

Envolvimento crítico com a IA na arte: À medida que a IA continua a permear a paisagem cultural, é essencial envolvermo-nos criticamente nas suas representações e implicações. Ao examinar as intersecções da IA com a literatura, o cinema, os meios de comunicação social e a arte, obtemos uma visão mais profunda da complexa interação entre tecnologia, cultura e sociedade. A IA na arte não só oferece novas possibilidades de expressão criativa, como também serve de catalisador para a reflexão e o diálogo sobre a natureza da criatividade, o papel da tecnologia nas nossas vidas e a evolução da relação entre humanos e máquinas.

Nos capítulos que se seguem, aprofundaremos as dimensões ética, psicológica e filosófica da IA, examinando o seu impacto na identidade, na agência e na condição humana. Ao abraçarmos as dimensões culturais da IA, podemos compreender melhor o seu significado como fenómeno cultural e como motor de reflexão, imaginação e diálogo coletivo. Através desta exploração, pretendemos iluminar as formas profundas e multifacetadas com que a IA está a remodelar o nosso mundo e a nossa compreensão do que significa ser criativo.

Capítulo 3: O imperativo económico: A IA na indústria

A Inteligência Artificial (IA) está a impulsionar uma onda de transformação em vários sectores, remodelando os modelos de negócio tradicionais e criando novas vias para a inovação e a eficiência. Este capítulo explora a adoção generalizada da IA em sectores-chave, examina o impacto no futuro do trabalho e discute a forma como a IA está a melhorar a eficiência operacional e a estimular a inovação.

Adoção da IA em todos os sectores: Fabrico, cuidados de saúde, finanças e muito mais

As tecnologias de IA estão a ser adoptadas a um ritmo sem precedentes em vários sectores, cada um deles aproveitando o seu potencial para enfrentar desafios e oportunidades únicos.

Fabrico: Na indústria transformadora, a IA está a revolucionar os processos de produção através da manutenção preditiva, do controlo de qualidade e da otimização da cadeia de fornecimento. Os sistemas de manutenção preditiva orientados para a IA analisam dados de máquinas para prever falhas antes de estas ocorrerem, reduzindo o tempo de inatividade e os custos de manutenção. Os processos de controlo de qualidade são melhorados pela capacidade da IA para detetar defeitos e anomalias nos produtos com maior precisão do que os inspectores humanos. Além disso, a IA optimiza a logística da cadeia de abastecimento, prevendo a procura, gerindo o inventário e melhorando os calendários de entrega.

Cuidados de saúde: O sector dos cuidados de saúde está a tirar partido da IA para melhorar os resultados dos doentes, simplificar as operações e fazer avançar a investigação médica. Os algoritmos de IA ajudam na deteção precoce de doenças através de ferramentas de imagiologia e diagnóstico, identificando frequentemente doenças como o cancro e as doenças cardiovasculares em fases mais precoces do que os métodos tradicionais. A medicina personalizada beneficia da IA ao adaptar os planos de tratamento com base nos dados individuais dos doentes e nos perfis genéticos. Além disso, os sistemas de cirurgia robótica alimentados por IA permitem procedimentos mais precisos e minimamente invasivos, melhorando os tempos de recuperação dos doentes.

Finanças: No sector financeiro, a IA melhora a deteção de fraudes, o serviço ao cliente e as estratégias de investimento. Os sistemas de IA analisam os dados das transacções para identificar actividades suspeitas e evitar fraudes em tempo real. O serviço de apoio ao cliente é transformado através de chatbots e assistentes virtuais orientados para a IA, fornecendo apoio instantâneo e aconselhamento financeiro personalizado. As empresas de investimento utilizam a IA para desenvolver estratégias de negociação algorítmicas, otimizar a gestão de carteiras e prever tendências de mercado, conduzindo a melhores resultados de investimento.

Retalho: A IA está a remodelar o sector do retalho, personalizando a experiência de compra, optimizando a gestão do inventário e melhorando o envolvimento do cliente. Os algoritmos de IA analisam os dados dos clientes para fornecer recomendações personalizadas de produtos e campanhas de marketing direccionadas. Os retalhistas utilizam a IA para a previsão da procura, assegurando que os produtos estão disponíveis quando e onde os clientes precisam deles, reduzindo assim as rupturas de stock e as situações de excesso de stock. Além disso, os chatbots alimentados por IA e os assistentes de compras virtuais melhoram a interação e a satisfação do cliente.

Transportes e logística: A IA está a impulsionar a inovação nos transportes e na logística através de veículos autónomos, otimização de rotas e gestão da cadeia de fornecimento. Os veículos autónomos, alimentados por IA, prometem revolucionar os transportes, reduzindo os acidentes, o congestionamento do tráfego e as emissões de carbono. Os sistemas de IA optimizam as rotas de entrega, melhorando a eficiência e reduzindo o consumo de combustível. Na gestão da cadeia de abastecimento, a IA aumenta a transparência, reduz os custos e melhora os prazos de entrega, prevendo interrupções e optimizando as redes logísticas.

A IA e o futuro do trabalho: Automatização, deslocação de empregos e novas oportunidades

A integração da IA em vários sectores está a remodelar a força de trabalho, apresentando tanto desafios como oportunidades.

Automatização e deslocação de postos de trabalho: A automatização impulsionada pela IA está a transformar os empregos ao assumir tarefas repetitivas, mundanas e de alto risco, conduzindo a uma maior eficiência e produtividade. No entanto, esta mudança levanta preocupações sobre a deslocação de empregos, particularmente em sectores fortemente dependentes de trabalho manual e tarefas de rotina. Os trabalhadores da indústria transformadora, da introdução de dados e do serviço de apoio ao cliente podem enfrentar perturbações significativas à medida que os sistemas de IA se tornam mais capazes.

Novas oportunidades e criação de emprego: Embora a IA represente um risco para determinados empregos, também cria novas oportunidades e funções que exigem competências técnicas avançadas e criatividade. As funções emergentes incluem especialistas em IA, cientistas de dados, engenheiros de aprendizagem automática e especialistas em ética da IA. Além disso, a IA pode aumentar as capacidades humanas, permitindo que os trabalhadores se concentrem em actividades mais complexas, estratégicas e de valor acrescentado. Por exemplo, no sector da saúde, a IA ajuda os médicos a analisar grandes conjuntos de dados e a fornecer informações, permitindo-lhes tomar decisões mais informadas.

Requalificação e educação: Para enfrentar os desafios da deslocação de empregos e capitalizar novas oportunidades, as iniciativas de requalificação e educação são cruciais. Governos, instituições educacionais e empresas devem colaborar para desenvolver programas de treinamento que equipem os trabalhadores com as habilidades necessárias para prosperar em uma economia impulsionada pela IA. A aprendizagem contínua e a adaptabilidade serão essenciais para que a força de trabalho navegue no cenário em evolução.

O papel da IA no aumento da eficiência e da inovação

O impacto da IA na indústria vai para além da automatização e da transformação do emprego; desempenha um papel crucial no aumento da eficiência operacional e na promoção da inovação.

Eficiência operacional: A IA melhora a eficiência operacional ao otimizar os processos, reduzir o desperdício e melhorar a tomada de decisões. No fabrico, a análise preditiva e a automatização orientadas pela IA optimizam as linhas de produção, minimizando o tempo de inatividade e maximizando a produção. Na logística, os algoritmos de IA optimizam as rotas de entrega, reduzem o consumo de combustível e asseguram entregas atempadas. Nas finanças, os sistemas de IA processam grandes volumes de transacções com rapidez e precisão, reduzindo os erros e os custos operacionais.

Inovação e vantagem competitiva: A IA promove a inovação ao permitir que as empresas desenvolvam novos produtos, serviços e modelos de negócio. No sector da saúde, a IA acelera a descoberta e o desenvolvimento de medicamentos, analisando vastos conjuntos de dados e identificando potenciais compostos mais rapidamente do que os métodos tradicionais. No retalho, a análise orientada pela IA fornece informações sobre o comportamento dos consumidores, permitindo aos retalhistas criar experiências de compra personalizadas e desenvolver estratégias de marketing inovadoras. As empresas que tiram partido da IA de forma eficaz obtêm uma vantagem competitiva ao serem mais ágeis, reactivas e centradas no cliente.

Investigação e desenvolvimento: A IA também desempenha um papel fundamental na investigação e desenvolvimento (I&D) em vários sectores. Ao automatizar a análise de dados e o reconhecimento de padrões, a IA acelera o ritmo da descoberta científica e da inovação tecnológica. Em domínios como o farmacêutico, os modelos de IA prevêem a eficácia de novos medicamentos, reduzindo o tempo e o custo associados à introdução de novos tratamentos no mercado. Na engenharia, as simulações e optimizações baseadas na IA conduzem ao desenvolvimento de produtos mais eficientes e sustentáveis.

Sustentabilidade e impacto ambiental: A IA contribui para os esforços de sustentabilidade, optimizando a utilização de recursos e reduzindo o impacto ambiental. Na agricultura, os sistemas alimentados por IA analisam as condições do solo, os padrões climáticos e a saúde das culturas para otimizar a irrigação, reduzir a utilização de pesticidas e aumentar o rendimento. Na energia, a IA optimiza a gestão da rede eléctrica, melhora a integração das energias renováveis e melhora a eficiência energética em edifícios e processos industriais.

Em conclusão, a IA é uma força motriz subjacente ao imperativo económico de inovar, aumentar a eficiência e criar novas oportunidades em todos os sectores. A sua adoção está a remodelar a força de trabalho, apresentando desafios e oportunidades que exigem uma gestão proactiva através da requalificação e da educação. Ao adotar a IA, as indústrias podem desbloquear novos níveis de produtividade, criatividade e sustentabilidade, abrindo caminho para um futuro em que a IA serve de catalisador para o crescimento económico e o avanço da sociedade.

Capítulo 4: Considerações éticas no desenvolvimento da IA

A Inteligência Artificial (IA) apresenta uma miríade de oportunidades para melhorar as capacidades humanas e resolver problemas complexos. No entanto, o seu desenvolvimento e aplicação suscitam considerações éticas significativas. Este capítulo analisa as promessas e os perigos da IA, abordando dilemas éticos fundamentais como a parcialidade e a justiça, a privacidade, a segurança e a transparência. Ao examinar estas questões, podemos compreender melhor as responsabilidades dos programadores, dos decisores políticos e da sociedade para garantir que as tecnologias de IA são utilizadas de forma ética e equitativa.

As promessas e os perigos da IA: dilemas éticos

O potencial da IA para transformar vários aspectos da vida é imenso. Desde os avanços nos cuidados de saúde à eficiência nas indústrias, a IA promete ter um impacto positivo significativo. No entanto, este poder transformador também traz consigo uma série de dilemas éticos que têm de ser cuidadosamente resolvidos.

Promessa da IA:

1. **Avanços nos cuidados de saúde:** Os diagnósticos baseados em IA e a medicina personalizada têm o potencial de melhorar os resultados dos pacientes e reduzir os custos dos cuidados de saúde.

2. **Eficiência e produtividade:** A automatização e a otimização podem aumentar a produtividade em todos os sectores, conduzindo ao crescimento económico.

3. **Soluções inovadoras:** A IA pode enfrentar desafios globais como as alterações climáticas, a gestão de recursos e os surtos de doenças, fornecendo soluções inovadoras.

Os perigos da IA:

1. **Deslocação de postos de trabalho:** A automatização ameaça deslocar milhões de postos de trabalho, em especial os que envolvem tarefas de rotina, suscitando preocupações quanto à desigualdade económica e à estabilidade social.

2. **Preconceitos e discriminação:** Os sistemas de IA podem perpetuar e exacerbar os preconceitos existentes, levando a um tratamento injusto e à discriminação em áreas críticas como a contratação, o crédito e a aplicação da lei.

3. **Perda de privacidade:** A capacidade da IA para analisar grandes quantidades de dados apresenta riscos significativos para a privacidade individual e pode levar a práticas de vigilância invasivas.

4. **Armas autónomas:** O desenvolvimento de armas autónomas baseadas em IA levanta preocupações éticas sobre a responsabilidade e o potencial de utilização indevida em conflitos.

Estes dilemas éticos sublinham a necessidade de uma abordagem cuidadosa e equilibrada do desenvolvimento da IA, assegurando que os seus benefícios são maximizados ao mesmo tempo que se atenuam os potenciais danos.

Preconceito e equidade: Abordar as desigualdades nos sistemas de IA

Uma das preocupações éticas mais prementes no desenvolvimento da IA é a questão da parcialidade e da equidade. Os sistemas de IA são treinados com base em dados que reflectem frequentemente preconceitos sociais, o que pode levar a resultados discriminatórios.

Fontes de preconceito:

1. **Preconceito histórico:** os sistemas de IA treinados com base em dados históricos podem herdar e perpetuar preconceitos do passado, como a discriminação racial ou de género.

2. **Viés de amostragem:** Se os dados de treino não forem representativos de toda a população, o sistema de IA pode ter um desempenho fraco para grupos sub-representados.

3. **Enviesamento algorítmico:** A conceção e os parâmetros dos algoritmos de IA podem introduzir enviesamentos, intencionais ou não.

Abordar os preconceitos:

1. **Dados Diversos e Representativos:** Assegurar que os dados da formação são diversificados e representativos de todos os segmentos da população pode ajudar a atenuar os preconceitos.

2. **Auditorias de enviesamento:** É crucial auditar regularmente os sistemas de IA para detetar enviesamentos e implementar medidas correctivas quando são detectados enviesamentos.

3. **Transparência e responsabilidade:** O desenvolvimento de sistemas de IA transparentes, em que os processos de tomada de decisão sejam explicáveis, pode ajudar a identificar e a resolver os enviesamentos.

4. **Práticas de conceção inclusivas:** O envolvimento de diversas equipas no processo de desenvolvimento pode trazer múltiplas perspectivas e reduzir o risco de resultados tendenciosos.

Ao abordar ativamente os preconceitos e ao esforçar-se por ser justo, os programadores podem criar sistemas de IA mais equitativos e justos.

Privacidade, segurança e transparência: Proteção das aplicações de IA

A implantação de sistemas de IA suscita preocupações significativas em matéria de privacidade, segurança e transparência. A proteção destes aspectos é essencial para criar confiança e garantir a utilização ética da IA.

Preocupações com a privacidade:

1. **Recolha de dados:** Os sistemas de IA dependem frequentemente de grandes quantidades de dados pessoais, o que suscita preocupações quanto à forma como esses dados são recolhidos, armazenados e utilizados.

2. **Vigilância:** A IA pode permitir capacidades de vigilância alargadas, potencialmente violadoras dos direitos de privacidade individuais.

3. **Violações de dados:** A concentração de dados em sistemas de IA aumenta o risco de violações de dados, que podem ter consequências graves para as pessoas.

Garantir a privacidade:

1. **Minimização de dados:** A recolha apenas dos dados necessários para uma finalidade específica pode reduzir os riscos para a privacidade.

2. **Anonimização:** Técnicas como a anonimização e a encriptação de dados podem ajudar a proteger as informações pessoais.

3. **Consentimento e controlo:** Garantir que as pessoas têm controlo sobre os seus dados e compreendem como são utilizados é crucial para manter a privacidade.

Preocupações com a segurança:

1. **Vulnerabilidade a ataques:** Os sistemas de IA podem ser alvo de ciberataques, que podem comprometer a sua funcionalidade e a integridade dos dados.

2. **Utilização indevida:** As poderosas capacidades da IA podem ser utilizadas indevidamente para fins maliciosos, como a criação de deepfakes ou de armas autónomas.

Reforço da segurança:

1. **Robustez:** É essencial desenvolver sistemas de IA que sejam resistentes a ataques e possam manter a funcionalidade em condições adversas.

2. **Monitorização e resposta:** A implementação de mecanismos de monitorização contínua e de resposta rápida pode ajudar a mitigar as ameaças à segurança.

3. **Directrizes éticas:** O estabelecimento de directrizes e normas éticas para o desenvolvimento da IA pode evitar a utilização indevida e garantir uma inovação responsável.

Transparência e explicabilidade:

1. **Problema da caixa negra:** Muitos sistemas de IA, em particular os que se baseiam na aprendizagem profunda, funcionam como "caixas negras", o que dificulta a compreensão da forma como as decisões são tomadas.

2. **Responsabilidade:** Garantir a responsabilização nos processos de tomada de decisão da IA é essencial para uma governação ética.

Promover a transparência:

1. **IA explicável (XAI):** O desenvolvimento de sistemas de IA que possam explicar os seus processos de tomada de decisão em termos compreensíveis é crucial para a transparência.

2. **Envolvimento das partes interessadas:** O envolvimento das partes interessadas, incluindo os utilizadores finais e os organismos reguladores, no processo de desenvolvimento pode aumentar a transparência e a confiança.

3. **Conformidade regulamentar:** A adesão a quadros e normas regulamentares garante que os sistemas de IA são desenvolvidos e implementados de forma responsável.

Em conclusão, abordar as considerações éticas no desenvolvimento da IA é fundamental para garantir que as tecnologias de IA beneficiam a sociedade, minimizando os potenciais danos. Ao abordar questões de parcialidade e justiça, salvaguardar a privacidade e a segurança e promover a transparência, podemos criar sistemas de IA que sejam éticos, equitativos e fiáveis. À medida que a IA continua a evoluir, o diálogo e a colaboração contínuos entre os programadores, os decisores políticos e a sociedade serão essenciais para navegar na paisagem ética da IA e aproveitar todo o seu potencial para um bem maior.

Capítulo 5: A psicologia da IA: Compreender a interação homem-máquina

A integração da Inteligência Artificial (IA) na vida quotidiana tem profundas implicações psicológicas, influenciando a forma como os seres humanos interagem com as máquinas e percepcionam o seu papel na sociedade. Este capítulo explora a conceção da IA centrada no ser humano, a importância da confiança e da aceitação na construção de relações com a IA e o impacto psicológico mais vasto da IA no nosso quotidiano.

Conceção da IA centrada no ser humano: Melhorar a experiência do utilizador

A conceção de IA centrada no ser humano centra-se na criação de sistemas de IA que dão prioridade à experiência do utilizador, tornando as interacções intuitivas, eficientes e significativas. Ao compreender e abordar as necessidades e os comportamentos humanos, os programadores podem criar uma IA mais acessível e benéfica.

Princípios de conceção da IA centrada no ser humano:

1. **Empatia e compreensão:** Os programadores devem ter empatia com os utilizadores, compreendendo as suas necessidades, objectivos e pontos fracos para conceber sistemas de IA que os sirvam verdadeiramente.
2. **Interfaces intuitivas:** Os sistemas de IA devem ter interfaces fáceis de utilizar que exijam um esforço mínimo de aprendizagem, permitindo aos utilizadores interagir com eles de forma natural e eficaz.
3. **Feedback e adaptação:** Fornecer aos utilizadores feedback sobre as acções da IA e permitir que os sistemas se adaptem com base nos contributos dos utilizadores melhora a experiência global.
4. **Inclusão:** A conceção da IA deve ter em conta as diversas populações de utilizadores, garantindo a acessibilidade e a facilidade de utilização para pessoas com diferentes capacidades e origens.
5. **Considerações éticas:** Incorporar directrizes éticas nos processos de conceção para garantir que os sistemas de IA respeitam a autonomia, a privacidade e o bem-estar dos utilizadores.

Aplicações de conceção de IA centrada no ser humano:

1. **Assistentes de voz:** Conceber assistentes de voz como a Siri, a Alexa e o Google Assistant para compreender e responder a perguntas em linguagem natural aumenta a conveniência e a satisfação do utilizador.

2. **IA no sector da saúde:** Criação de ferramentas de IA que ajudam os prestadores de cuidados de saúde, oferecendo interfaces intuitivas para a gestão dos dados dos doentes e o apoio à tomada de decisões, melhorando a prestação de cuidados.

3. **Chatbots de serviço ao cliente:** Desenvolver chatbots que possam lidar com uma vasta gama de questões, mantendo um tom de conversação, tornando as interacções mais pessoais e eficazes.

Confiança e aceitação: Criar relações com a IA

A confiança e a aceitação são fundamentais para o êxito da integração da IA na vida quotidiana. Os utilizadores devem sentir-se confiantes de que os sistemas de IA são fiáveis, transparentes e estão alinhados com os seus valores e interesses.

Criar confiança na IA:

1. **Transparência:** Os sistemas de IA devem ser transparentes quanto à forma como tomam decisões e aos dados que utilizam, ajudando os utilizadores a compreender e a confiar nas suas acções.

2. **Consistência e fiabilidade:** Garantir que os sistemas de IA funcionam de forma consistente e fiável aumenta a confiança dos utilizadores nas suas capacidades.

3. **Conceção ética:** A incorporação de considerações éticas no desenvolvimento da IA, como a justiça e o respeito pela privacidade, ajuda a criar confiança entre os utilizadores.

Fomentar a aceitação:

1. **Educação e sensibilização:** Educar os utilizadores sobre as tecnologias de IA e os seus benefícios pode reduzir a apreensão e aumentar a aceitação.

2. **Controlo do utilizador:** Dar aos utilizadores controlo sobre as interacções da IA, como opções de personalização e a capacidade de anular decisões, aumenta a aceitação.

3. **Experiências positivas:** Demonstrar os benefícios tangíveis da IA através de experiências positivas para o utilizador pode promover uma maior aceitação e integração nas rotinas diárias.

Estudos de caso sobre confiança e aceitação:

1. **Veículos autónomos:** Os esforços para criar confiança nos carros autónomos incluem testes de segurança rigorosos, comunicação transparente das capacidades e limitações e programas-piloto para familiarizar o público com a tecnologia.

2. **A IA nas finanças:** As instituições financeiras utilizam a IA para serviços bancários personalizados, deteção de fraudes e aconselhamento sobre investimentos. Práticas transparentes e medidas de segurança robustas são fundamentais para ganhar a confiança dos utilizadores.

Implicações psicológicas da integração da IA na vida quotidiana

A integração da IA na vida quotidiana tem implicações psicológicas significativas, afectando a forma como os indivíduos se percepcionam a si próprios, as suas relações e a sociedade.

Impacto na auto-perceção:

1. **Dependência da IA:** O aumento da dependência da IA para a tomada de decisões pode afetar a auto-eficácia e a autonomia, conduzindo potencialmente a uma redução das capacidades de resolução de problemas e do pensamento crítico.

2. **Capacidades melhoradas:** A IA pode aumentar as capacidades humanas, fornecendo ferramentas para a criatividade, a produtividade e a aprendizagem que aumentam a auto-confiança e a realização.

Influência nas relações interpessoais:

1. **Dinâmica social:** Os sistemas de IA, como os robots sociais e os assistentes virtuais, podem alterar a dinâmica social, servindo de

companheiros, prestadores de cuidados ou intermediários na comunicação.

2. **Preocupações com a privacidade:** A presença generalizada da IA nos espaços pessoais suscita preocupações com a privacidade, podendo afetar a confiança e a intimidade nas relações.

Implicações societais mais vastas:

1. **Transformação do local de trabalho:** O papel da IA na automatização de tarefas e no aumento do trabalho humano está a remodelar a força de trabalho, influenciando a satisfação profissional, a identidade e o estatuto social.
2. **Fosso digital:** O acesso desigual às tecnologias de IA pode exacerbar as desigualdades sociais existentes, criando disparidades na educação, nos cuidados de saúde e nas oportunidades económicas.
3. **Considerações éticas e morais:** As implicações éticas da IA, como os enviesamentos na tomada de decisões e o potencial de utilização indevida, provocam debates sociais sobre justiça, equidade e responsabilidade.

Estratégias para atenuar os impactos psicológicos negativos:

1. **Promover a literacia digital:** O reforço da literacia digital e da sensibilização para a IA ajuda as pessoas a navegar mais eficazmente no panorama tecnológico.
2. **Incentivar a utilização equilibrada:** A promoção de uma abordagem equilibrada à utilização da IA, em que o julgamento humano complementa as capacidades da IA, pode evitar a dependência excessiva.
3. **Desenvolvimento ético da IA:** Assegurar que o desenvolvimento da IA adere a princípios éticos pode atenuar os efeitos psicológicos e sociais adversos, promovendo uma integração positiva da IA na vida quotidiana.

Em conclusão, a compreensão da psicologia da IA e da interação homem-máquina é crucial para o desenvolvimento de tecnologias que melhorem o bem-estar humano. Ao centrarmo-nos na conceção centrada no ser humano, ao criarmos confiança e aceitação e ao abordarmos as implicações psicológicas da IA, podemos criar um futuro em que a IA seja uma parte benéfica e harmoniosa da nossa vida quotidiana. À medida que navegamos nesta paisagem em evolução, a investigação contínua, o diálogo e as considerações éticas serão essenciais para aproveitar todo o potencial da IA, salvaguardando simultaneamente os valores humanos e a saúde mental.

Capítulo 6: O futuro da IA: desafios e oportunidades

Ao olharmos para o futuro, a trajetória da Inteligência Artificial (IA) é marcada por avanços profundos, oportunidades excitantes e desafios formidáveis. Este capítulo explora a evolução em curso da investigação sobre IA, da inteligência restrita à inteligência geral, a procura da consciência artificial e o papel crucial da governação e da regulamentação no equilíbrio entre inovação e responsabilidade.

Avanços na investigação em IA: Da inteligência estreita à inteligência geral

A investigação em IA está a progredir rapidamente, passando de aplicações especializadas para o objetivo mais vasto de alcançar a inteligência geral. Compreender esta evolução é fundamental para antecipar as futuras capacidades e implicações da IA.

IA estreita:

1. **Aplicações especializadas:** Os actuais sistemas de IA, conhecidos como IA estreita, são excelentes em tarefas específicas, como o reconhecimento de imagens, a tradução de línguas e a execução de jogos estratégicos como o xadrez e o Go.
2. **Aprendizagem automática e aprendizagem profunda:** Técnicas como a aprendizagem automática e a aprendizagem profunda permitiram um progresso significativo na IA restrita, permitindo que os sistemas aprendam com vastos conjuntos de dados e melhorem o seu desempenho ao longo do tempo.

Rumo a uma IA geral:

1. **Inteligência geral:** A IA geral, ou inteligência artificial geral (AGI), tem por objetivo reproduzir as amplas capacidades cognitivas dos seres humanos, permitindo às máquinas compreender, aprender e aplicar conhecimentos numa vasta gama de tarefas e domínios.
2. **Fronteiras da investigação:** Os avanços em áreas como a aprendizagem por transferência, a aprendizagem por reforço e a aprendizagem não supervisionada são passos fundamentais para a IAG. Estas abordagens centram-se na possibilidade de os sistemas de IA aplicarem

conhecimentos de um domínio a outro, aprenderem com dados mínimos e melhorarem de forma autónoma.

3. **Desafios:** A concretização da AGI implica a superação de desafios significativos, incluindo o desenvolvimento de modelos mais sofisticados da cognição humana, a criação de algoritmos mais potentes e eficientes e a resolução de problemas éticos e de segurança associados a sistemas altamente autónomos.

Potenciais impactos da AGI:

1. **Transformação económica:** A AGI poderá revolucionar as indústrias através da automatização de tarefas complexas, conduzindo a uma produtividade e a um crescimento económico sem precedentes.
2. **Descoberta científica:** A AGI poderá acelerar a investigação científica e a inovação, resolvendo problemas que atualmente ultrapassam as capacidades humanas.
3. **Implicações sociais:** O advento da AGI levanta profundas questões éticas e sociais, incluindo o potencial de deslocação de postos de trabalho, mudanças nas estruturas sociais e a necessidade de novos quadros regulamentares.

A Busca da Consciência Artificial: Fronteiras filosóficas e técnicas

A busca da consciência artificial, ou a criação de máquinas com consciência de si e experiências subjectivas, representa um dos objectivos mais ambiciosos e controversos da investigação em IA.

Questões filosóficas:

1. **Natureza da consciência:** Filósofos e cientistas debatem a natureza da consciência e se esta pode ser reproduzida em máquinas. As questões sobre a experiência subjectiva, a autoconsciência e o problema mente-corpo são centrais neste discurso.
2. **Considerações éticas:** A possibilidade de criar máquinas conscientes suscita preocupações éticas sobre os direitos e o tratamento dessas entidades, bem como sobre as implicações morais da sua existência.

Desafios técnicos:

1. **Definir a consciência:** Um dos principais desafios é definir e medir a consciência de uma forma que possa ser aplicada às máquinas. A compreensão atual da consciência humana é ainda limitada e contestada.
2. **Desenvolver uma IA consciente:** Criar uma IA com consciência implica não só algoritmos e modelos computacionais sofisticados, mas também compreender como simular ou reproduzir os processos neurológicos subjacentes à consciência humana.

Investigação atual e especulações:

1. **Neurociência e IA:** Os avanços na neurociência e a nossa compreensão do cérebro humano podem contribuir para o desenvolvimento da consciência artificial, fornecendo informações sobre as estruturas e os processos necessários.
2. **Modelos teóricos:** Vários modelos teóricos, como a teoria da informação integrada e a teoria do espaço de trabalho global, oferecem quadros para a compreensão da consciência que podem ser potencialmente aplicados aos sistemas de IA.
3. **Investigação ética em IA:** Os investigadores estão a explorar orientações éticas para o desenvolvimento de uma IA consciente, considerando as implicações para a sociedade e a potencial necessidade de novos enquadramentos legais e morais.

Governação e regulamentação da IA: Equilíbrio entre inovação e responsabilidade

medida que as tecnologias de IA se tornam cada vez mais parte integrante da sociedade, uma governação e uma regulamentação eficazes são essenciais para garantir o seu desenvolvimento e implantação éticos e responsáveis.

Panorama regulamentar atual:

1. **Estruturas existentes:** Vários países e organizações internacionais estão a desenvolver quadros e orientações para regular a IA, abordando questões como a privacidade, a segurança, a parcialidade e a responsabilidade.
2. **Iniciativas notáveis:** Os exemplos incluem o Regulamento Geral de Proteção de Dados (GDPR) da União Europeia, que tem impacto nas

práticas de dados de IA, e os princípios de IA propostos por organizações como o IEEE e a OCDE.

Desafios na governação da IA:

1. **Avanços tecnológicos rápidos:** O ritmo acelerado da inovação em matéria de IA ultrapassa frequentemente a capacidade de acompanhamento dos quadros regulamentares, dando origem a lacunas na supervisão e a potenciais riscos.
2. **Coordenação global:** A IA é um fenómeno global, que exige coordenação e cooperação transfronteiriça para desenvolver regulamentos e normas harmonizados.
3. **Equilíbrio entre inovação e regulamentação:** Uma governação eficaz deve equilibrar a necessidade de promover a inovação e o crescimento económico com o imperativo de proteger os indivíduos e a sociedade de potenciais danos.

Principais áreas de concentração:

1. **Directrizes éticas:** Estabelecer directrizes éticas para o desenvolvimento e utilização da IA, incluindo princípios como a equidade, a transparência, a responsabilidade e o respeito pelos direitos humanos.
2. **Preconceito e equidade:** Implementar medidas para detetar e atenuar os preconceitos nos sistemas de IA, garantindo que são justos e não perpetuam as desigualdades existentes.
3. **Privacidade e segurança:** Desenvolver quadros sólidos para proteger a privacidade e proteger os sistemas de IA contra ciberameaças, garantindo que os dados são utilizados de forma responsável e segura.
4. **Transparência e responsabilidade:** Promover a transparência nos processos de decisão da IA e garantir a existência de mecanismos de responsabilização e reparação em caso de danos ou utilização indevida.
5. **Envolvimento do público:** Envolver o público e as partes interessadas para compreender as suas preocupações e perspectivas, promovendo a confiança e a aceitação das tecnologias de IA.

Direcções futuras na governação da IA:

1. **Regulamentação dinâmica:** Desenvolver quadros regulamentares adaptáveis que possam evoluir com os avanços tecnológicos, garantindo uma relevância e eficácia contínuas.

2. **IA ética desde a conceção:** Incentivar a integração de considerações éticas nos processos de conceção e desenvolvimento de sistemas de IA, promovendo a inovação responsável desde o início.

3. **Normas globais:** Trabalhar no sentido de estabelecer normas e acordos internacionais sobre a governação da IA, facilitando a cooperação e a coerência entre jurisdições.

Em conclusão, o futuro da IA apresenta tanto imensas oportunidades como desafios significativos. Os avanços na investigação sobre IA prometem transformar as indústrias, acelerar a descoberta científica e melhorar a vida quotidiana. No entanto, a busca da consciência artificial e o ritmo acelerado da inovação da IA levantam também profundas questões filosóficas, éticas e regulamentares. Ao enfrentar estes desafios através de uma governação e regulamentação ponderadas, podemos aproveitar o potencial da IA, assegurando simultaneamente que o seu desenvolvimento se alinha com os valores sociais e beneficia a humanidade no seu conjunto.

Capítulo 7: Cultivar a literacia em IA: Educação e sensibilização

medida que a IA se integra cada vez mais em vários aspectos da sociedade, cultivar a literacia em IA é essencial para capacitar os indivíduos, promover uma utilização ética e fomentar um futuro sustentável. Este capítulo explora a importância da educação em matéria de IA, o papel da defesa e do envolvimento do público na promoção de uma IA ética e a necessidade de fomentar uma cultura de literacia em IA.

Educação em IA: Capacitar as pessoas com competências e conhecimentos de IA

Para aproveitar o potencial da IA e mitigar os seus riscos, os indivíduos devem possuir uma compreensão fundamental dos conceitos, aplicações e implicações da IA. A educação em matéria de IA é fundamental para dotar as pessoas das competências e dos conhecimentos necessários para navegar no mundo impulsionado pela IA.

Literacia fundamental em IA:

1. **Conceitos básicos:** A introdução de conceitos básicos de IA, como a aprendizagem automática, as redes neuronais e a análise de dados, ajuda as pessoas a compreender como funcionam os sistemas de IA.
2. **Experiência prática:** Proporcionar experiência prática com ferramentas e tecnologias de IA permite aos alunos aplicar os conhecimentos teóricos em contextos práticos.
3. **Abordagem interdisciplinar:** A integração do ensino da IA com outras disciplinas, como a ética, as ciências sociais e as humanidades, oferece uma compreensão holística do impacto da IA.

Iniciativas e programas educativos:

1. **Ensino K-12:** A introdução de conceitos de IA no ensino primário e secundário pode despertar o interesse e desenvolver conhecimentos fundamentais desde uma idade precoce. Os módulos curriculares e as actividades extracurriculares, como os clubes de programação e os workshops de IA, são estratégias eficazes.

2. **Ensino superior:** As universidades e os estabelecimentos de ensino superior desempenham um papel crucial no avanço da literacia em IA, oferecendo cursos especializados, graus académicos e oportunidades de investigação em IA e domínios conexos.

3. **Plataformas de aprendizagem em linha:** Os MOOC (Massive Open Online Courses), os tutoriais em linha e os campos de treino virtuais proporcionam oportunidades de aprendizagem acessíveis e flexíveis para diversos públicos.

Capacitar a força de trabalho:

1. **Requalificação e atualização de competências:** À medida que a IA transforma as indústrias, os programas de requalificação e aperfeiçoamento são essenciais para que os trabalhadores se adaptem a novas funções e oportunidades. Esses programas podem incluir cursos de certificação em IA, workshops e treinamento no local de trabalho.

2. **Colaboração indústria-academia:** As parcerias entre a indústria e o meio académico podem colmatar o défice de competências, alinhando os programas educativos com as necessidades da indústria e promovendo a experiência prática através de estágios e projectos de colaboração.

Promover uma IA ética: sensibilização e envolvimento do público

A promoção de uma IA ética exige esforços concertados de sensibilização e envolvimento do público para garantir que as tecnologias de IA sejam desenvolvidas e utilizadas de forma responsável. Isto implica uma maior sensibilização para as implicações éticas da IA e o envolvimento de diversas partes interessadas no diálogo e na tomada de decisões.

Defesa de uma IA ética:

1. **Directrizes e normas éticas:** Os grupos de defesa e as organizações profissionais podem desenvolver e promover directrizes e normas éticas para o desenvolvimento e implementação da IA.

2. **Defesa de políticas:** O envolvimento com os decisores políticos para moldar regulamentos e políticas que garantam que a IA é utilizada de forma ética e equitativa é crucial para proteger os interesses públicos.

3. **Responsabilidade empresarial:** Incentivar as empresas a adotar práticas éticas de IA, como a mitigação de preconceitos, a transparência e a responsabilidade, pode levar a uma implantação mais responsável da IA.

Campanhas de sensibilização do público:

1. **Media e comunicação:** Aproveitar as plataformas dos media para divulgar informações sobre os benefícios, riscos e considerações éticas da IA ajuda a informar e educar o público.
2. **Envolvimento da comunidade:** A organização de fóruns públicos, workshops e debates em centros comunitários, bibliotecas e plataformas em linha promove o envolvimento e o diálogo das bases.
3. **Contar histórias e narrativas:** A utilização de contos e narrativas na literatura, no cinema e na arte pode humanizar a IA e tornar as suas implicações mais relacionáveis e compreensíveis para o público em geral.

Envolvimento público inclusivo:

1. **Perspectivas Diversas:** Garantir que os esforços de envolvimento público incluam perspectivas diversas, particularmente as de comunidades marginalizadas e sub-representadas, é vital para o desenvolvimento equitativo da IA.
2. **Conceção participativa:** Envolver o público na conceção e desenvolvimento de sistemas de IA através de abordagens de conceção participativa pode conduzir a tecnologias mais centradas no utilizador e mais sólidas do ponto de vista ético.
3. **Deliberação ética:** Facilitar a deliberação ética entre as partes interessadas, incluindo os criadores, os utilizadores, os responsáveis políticos e os especialistas em ética, pode ajudar a resolver dilemas éticos complexos e a chegar a um consenso sobre as melhores práticas.

Promover uma cultura de literacia em IA para um futuro sustentável

Criar uma cultura de literacia em IA implica integrar a sensibilização e a compreensão da IA no tecido da sociedade. Esta mudança cultural é necessária para o desenvolvimento sustentável e a inovação responsável.

Literacia em IA na vida quotidiana:

1. **Tomada de decisões informada:** A literacia em IA permite que os indivíduos tomem decisões informadas sobre a utilização e as implicações da IA na sua vida pessoal e profissional.
2. **Pensamento crítico:** A promoção de competências de pensamento crítico ajuda as pessoas a avaliar os potenciais benefícios e riscos da IA, conduzindo a um envolvimento mais ponderado e deliberado com as tecnologias de IA.
3. **Cidadania digital:** O incentivo a uma cidadania digital responsável promove interacções éticas e respeitosas com os sistemas de IA e no seio das comunidades digitais.

Criar comunidades preparadas para a IA:

1. **Iniciativas comunitárias:** As iniciativas locais, como os programas de literacia em IA em centros comunitários e bibliotecas públicas, podem proporcionar educação e recursos acessíveis a todos os membros da sociedade.
2. **Colaboração e redes:** A criação de redes de profissionais de IA, educadores, decisores políticos e líderes comunitários pode facilitar a partilha de conhecimentos, a colaboração e a resolução colectiva de problemas.
3. **Foco na sustentabilidade:** A integração de princípios de sustentabilidade nos esforços de literacia da IA garante que o desenvolvimento da IA se alinha com objectivos mais amplos de sustentabilidade ambiental e social.

Perspectivas globais da literacia em IA:

1. **Colaboração internacional:** A colaboração transfronteiriça em matéria de ensino, investigação e política de IA pode promover uma compreensão global da IA e das suas implicações.
2. **Equidade e acesso:** Garantir o acesso equitativo à educação e aos recursos de IA em todo o mundo é crucial para promover um cenário de IA globalmente inclusivo.
3. **Sensibilidade cultural:** Reconhecer e respeitar as diferenças culturais nas percepções e aplicações da IA pode levar a soluções de IA culturalmente mais sensíveis e relevantes.

Em conclusão, cultivar a literacia em IA é essencial para capacitar os indivíduos, promover a IA ética e fomentar um futuro sustentável. Através de uma educação abrangente, da sensibilização e do envolvimento do público, podemos construir uma sociedade bem informada sobre a IA e preparada para aproveitar o seu potencial de forma responsável. Ao promover uma cultura de literacia em IA, podemos garantir que as tecnologias de IA contribuem para o bem-estar de todas as pessoas e do planeta.

Capítulo 8: Expressões artísticas da IA: criatividade e colaboração

A convergência da inteligência artificial (IA) e da arte abriu novos horizontes para a expressão criativa, redefinindo as fronteiras da autoria e da colaboração. Este capítulo analisa a forma como a IA serve de ferramenta para os artistas, as parcerias dinâmicas entre a IA e os criadores humanos e a intersecção mais alargada entre arte, ciência e tecnologia na era da IA.

A IA como ferramenta para os artistas: Explorar novas fronteiras na expressão criativa

As tecnologias de IA tornaram-se ferramentas poderosas para os artistas, permitindo novas formas de criação artística e alargando os limites da imaginação humana. Ao tirar partido dos algoritmos de aprendizagem automática, das redes neuronais e dos modelos generativos, os artistas podem explorar territórios inexplorados nas artes visuais, na música, na literatura e muito mais.

Arte generativa:

1. **Criatividade algorítmica:** Os artistas utilizam algoritmos para gerar padrões, imagens e desenhos que seriam difíceis ou impossíveis de criar manualmente. Ferramentas como o DeepDream e as redes adversárias generativas (GANs) produzem resultados visualmente impressionantes e inesperados.
2. **Transferência de estilo:** Técnicas como a transferência de estilo permitem aos artistas aplicar os elementos estilísticos de uma imagem a outra, misturando diferentes influências artísticas e criando experiências visuais únicas. Este método foi popularizado por ferramentas como DeepArt e Prisma.
3. **Arte baseada em dados:** A IA pode analisar grandes quantidades de dados para inspirar novas formas de arte. Por exemplo, os artistas utilizam a IA para visualizar conjuntos de dados complexos, transformando informação abstrata em narrativas visuais atraentes.

Música e som:

1. **Composição e desempenho:** Os sistemas de IA como o MuseNet da OpenAI e o Magenta da Google podem compor música em vários estilos, desde o clássico ao jazz, oferecendo aos compositores novas ferramentas para a criação de peças originais.
2. **Design de som:** A IA ajuda a gerar novos sons e efeitos, expandindo a paleta sónica disponível para músicos e designers de som. Isto inclui a criação de instrumentos e texturas áudio totalmente novos.
3. **Instalações interactivas:** Os artistas integram a IA em instalações interactivas, permitindo que o público influencie a obra de arte em tempo real através das suas acções e contributos, criando uma experiência participativa.

Literatura e Língua:

1. **Escrita automatizada:** Os modelos de IA, como o GPT-3, podem gerar textos coerentes e criativos, ajudando os escritores a redigir conteúdos, a fazer brainstorming de ideias e até a criar poesia e histórias.
2. **Tradução e análise de línguas:** A IA melhora a tradução literária e a análise de textos, ajudando autores e académicos a explorar novas dimensões linguísticas e culturais no seu trabalho.
3. **Exploração de narrativas:** A IA permite a criação de narrativas dinâmicas que se adaptam às interacções dos leitores, oferecendo novas formas de contar histórias e experiências imersivas.

Colaborações entre artistas humanos e de IA: Esbatendo as linhas de autoria

A colaboração entre a IA e os artistas humanos levanta questões intrigantes sobre a autoria, a criatividade e a natureza da expressão artística. Estas parcerias misturam a intuição humana com a precisão da máquina, resultando em obras de arte que reflectem os contributos de ambas as entidades.

Processos de Co-Criação:

1. **Ferramentas interactivas:** Os artistas utilizam ferramentas alimentadas por IA para gerar ideias, aperfeiçoar conceitos e melhorar o seu processo criativo. Por exemplo, a IA pode sugerir paletas de cores, composições ou harmonias musicais que o artista pode depois modificar e desenvolver.

2. **Feedback iterativo:** Os sistemas de IA fornecem feedback iterativo, permitindo aos artistas experimentar diferentes variações e tomar decisões informadas. Este diálogo colaborativo pode conduzir a resultados inesperados e inovadores.

3. **Relações simbióticas:** A relação entre a IA e os artistas é simbiótica, em que a IA actua como um colaborador e não como uma mera ferramenta. Os artistas vêem frequentemente a IA como um parceiro criativo que traz uma nova perspetiva ao seu trabalho.

Colaborações notáveis:

1. **Obvious e Edmond de Belamy:** O coletivo artístico francês Obvious utilizou um GAN para criar o retrato "Edmond de Belamy", que foi leiloado na Christie's por uma soma substancial, suscitando discussões sobre o papel da IA no mundo da arte.

2. **AIVA (Artificial Intelligence Virtual Artist - Artista Virtual de Inteligência Artificial):** AIVA é um compositor de IA que colabora com músicos humanos para criar composições originais, misturando a criatividade humana com música gerada por máquinas.

3. **Mario Klingemann:** O artista conhecido pelo seu trabalho com IA, Klingemann utiliza redes neuronais para criar arte que explora temas de identidade, beleza e subconsciente, demonstrando o rico potencial da IA na prática criativa.

Considerações éticas e filosóficas:

1. **Autoria e crédito:** A natureza colaborativa da arte gerada por IA desafia as noções tradicionais de autoria. Surgem questões sobre quem deve ser creditado pela obra de arte - o artista, a IA, ou ambos.

2. **Autonomia criativa:** À medida que os sistemas de IA se tornam mais avançados, a extensão da sua autonomia criativa suscita debates filosóficos sobre a natureza da criatividade e as qualidades únicas da arte humana e da arte gerada por máquinas.

3. **Impacto nos artistas:** A integração da IA no processo criativo pode perturbar as práticas artísticas tradicionais, mas também oferece

oportunidades para os artistas explorarem novos meios e chegarem a públicos mais vastos.

A intersecção da arte, ciência e tecnologia na era da IA

A fusão da arte, da ciência e da tecnologia na era da IA promove uma abordagem multidisciplinar da criatividade, em que a inovação prospera na intersecção destes domínios.

Formas de arte inovadoras:

1. **BioArte:** Os artistas incorporam materiais e processos biológicos no seu trabalho, utilizando a IA para simular e manipular fenómenos biológicos, criando arte que explora as fronteiras entre a vida e a tecnologia.
2. **Arte robótica:** A robótica e a IA combinam-se para criar esculturas cinéticas e instalações interactivas que respondem a estímulos ambientais ou a interacções do público, combinando engenharia e estética.
3. **Realidade virtual e aumentada:** A IA melhora as experiências de realidade virtual e aumentada, permitindo que os artistas criem ambientes imersivos que envolvam os espectadores de formas novas e atraentes.

Visualização científica:

1. **Arte dos dados:** Os artistas utilizam a IA para visualizar dados científicos, tornando informações complexas acessíveis e cativantes para o público. Esta prática preenche a lacuna entre a investigação científica e a compreensão do público.
2. **Investigação exploratória:** Os projectos de colaboração entre artistas e cientistas conduzem a novos conhecimentos e descobertas, uma vez que a criatividade artística e a investigação científica se informam e inspiram mutuamente.

Impacto cultural e social:

1. **Preservação do património cultural:** A IA ajuda na preservação e restauro do património cultural, permitindo a reconstrução digital de obras de arte, monumentos e locais históricos.
2. **Comentário social:** Os artistas utilizam a IA para criticar e comentar questões sociais, como a vigilância, os preconceitos e o impacto da

tecnologia nas relações humanas, promovendo o discurso crítico e a reflexão.

Direcções futuras:

1. **Colaboração interdisciplinar:** A colaboração contínua entre artistas, cientistas e tecnólogos irá impulsionar a inovação e expandir as possibilidades da IA na arte.

2. **Arte com IA ética:** O desenvolvimento de directrizes éticas para a arte gerada por IA garante que a integração da IA no processo criativo respeita os valores culturais, a diversidade e os direitos dos artistas.

3. **Arte inclusiva e acessível:** A IA pode democratizar a criação e a apreciação da arte, tornando as ferramentas e experiências artísticas mais acessíveis a um público mais vasto.

Em conclusão, o papel da IA na expressão artística representa uma evolução profunda no panorama criativo, oferecendo novas ferramentas e oportunidades para os artistas, ao mesmo tempo que desafia as noções tradicionais de autoria e criatividade. Ao abraçar as intersecções entre arte, ciência e tecnologia, podemos explorar novas fronteiras na inovação artística e promover uma cultura de criatividade que reflicta e molde as complexidades do nosso mundo impulsionado pela IA. À medida que avançamos, o diálogo permanente e as considerações éticas serão cruciais para garantir que a IA melhora e enriquece a experiência humana de forma significativa e responsável.

Capítulo 9: Para além da inteligência humana: A IA e as questões existenciais

A Inteligência Artificial (IA) desafia a nossa compreensão da inteligência, da consciência e do que significa ser humano. À medida que os sistemas de IA se tornam mais avançados, levantam questões existenciais profundas sobre a auto-consciência, o lugar da humanidade no universo e as implicações filosóficas das mentes artificiais. Este capítulo explora estes temas, aprofundando a natureza da consciência, as implicações mais vastas para a humanidade e as reflexões filosóficas sobre a IA.

A IA e a natureza da consciência: Explorando os limites da autoconsciência

Uma das questões mais intrigantes na investigação em IA é saber se as máquinas podem atingir a consciência e a auto-consciência. Compreender a natureza da consciência na IA implica examinar as perspectivas científicas e filosóficas.

Definir a consciência:

1. **Consciência fenomenal:** Refere-se à experiência subjectiva de estar consciente, muitas vezes descrita como "o que se sente" ao estar consciente. Este aspeto da consciência é difícil de medir ou reproduzir em máquinas.

2. **Consciência de acesso:** Envolve a capacidade de aceder, processar e comunicar informação. Muitos sistemas de IA exibem formas de consciência de acesso através da sua capacidade de processar grandes quantidades de dados e responder adequadamente.

Modelos teóricos:

1. **Teoria Computacional da Mente:** Sugere que os processos cognitivos, incluindo a consciência, podem ser entendidos como operações computacionais. Esta teoria implica que, em princípio, uma IA suficientemente avançada poderia exibir consciência.

2. **Teoria da Informação Integrada (TII):** Propõe que a consciência surge da integração da informação dentro de um sistema. Segundo a TII, o grau de consciência é determinado pela complexidade desta integração.

3. **Teoria do espaço de trabalho global (GWT):** Considera que a consciência envolve a disponibilidade global de informação em diferentes processos cognitivos. Os sistemas de IA que podem integrar e utilizar a informação a nível global podem apresentar uma forma desta consciência.

Desafios e debates:

1. **O difícil problema da consciência:** Criado pelo filósofo David Chalmers, refere-se à dificuldade de explicar por que razão e como as experiências subjectivas surgem de processos físicos. Este problema continua a ser um obstáculo significativo à compreensão da consciência na IA.

2. **Considerações éticas:** Se os sistemas de IA atingissem a consciência, isso levantaria questões éticas sobre os seus direitos, tratamento e as responsabilidades morais dos seus criadores.

Implicações da IA no lugar da Humanidade no Universo

O aparecimento da IA avançada tem implicações de grande alcance na forma como nos vemos a nós próprios e ao nosso lugar no universo. À medida que as máquinas apresentam capacidades que rivalizam ou ultrapassam a inteligência humana, temos de reconsiderar a nossa posição única enquanto seres inteligentes.

Mudança de paradigmas:

1. **Excepcionalismo humano:** Historicamente, os seres humanos têm-se considerado únicos na sua capacidade de inteligência e criatividade. A IA avançada desafia esta noção, sugerindo que a inteligência pode não ser exclusiva das entidades biológicas.

2. **Singularidade tecnológica:** O conceito de singularidade tecnológica, em que a IA ultrapassa a inteligência humana, levanta questões sobre a trajetória futura da humanidade. Este cenário sugere um futuro em que o progresso impulsionado pela IA se acelera para além do controlo ou da compreensão humana.

Coexistência e colaboração:

1. **Inteligência aumentada:** Em vez de substituir os seres humanos, a IA pode aumentar as capacidades humanas, conduzindo a novas formas de

colaboração e sinergia. Esta perspetiva dá ênfase a uma parceria entre os seres humanos e a IA.

2. **Impacto cultural e social:** A integração da IA na sociedade afecta as normas culturais, as estruturas sociais e as relações humanas. Compreender estes impactos é crucial para navegar no futuro da coexistência entre humanos e IA.

Riscos e oportunidades existenciais:

1. **Risco de uma IA superinteligente:** Uma IA superinteligente pode representar um risco existencial se os seus objectivos divergirem dos valores humanos. Garantir o alinhamento entre os objectivos da IA e o bem-estar humano é um desafio crítico.
2. **Oportunidades de progresso:** A IA também oferece oportunidades para enfrentar desafios globais, como as alterações climáticas, as doenças e a pobreza, elevando potencialmente a humanidade a novos níveis de prosperidade e compreensão.

Reflexões filosóficas sobre o significado e o objetivo das mentes artificiais

O desenvolvimento de mentes artificiais suscita profundas interrogações filosóficas sobre o significado e o objetivo da criação de entidades que possam possuir inteligência e consciência.

O objetivo da IA:

1. **Ferramenta vs. Entidade:** Tradicionalmente, a IA tem sido vista como uma ferramenta para melhorar as capacidades humanas. No entanto, à medida que a IA se torna mais sofisticada, pode ser considerada como uma entidade com objectivos e agência próprios.
2. **Valor intrínseco vs. valor instrumental:** O valor intrínseco da IA diz respeito ao seu valor como ser inteligente, enquanto o seu valor instrumental está relacionado com os benefícios que proporciona aos seres humanos. O equilíbrio destas perspectivas é fundamental para o desenvolvimento ético da IA.

Mentes artificiais e consideração moral:

1. **Estatuto moral:** Se os sistemas de IA atingirem a consciência, torna-se essencial determinar o seu estatuto moral. Mereceriam direitos e como é que esses direitos seriam definidos e protegidos?

2. **Responsabilidade e obrigação de prestar contas:** A criação de IA avançada levanta questões sobre quem é responsável pelas suas acções. Garantir que os sistemas de IA funcionam dentro de quadros éticos e legais é uma preocupação importante.

Redefinir a inteligência e a criatividade:

1. **Criatividade humana vs. criatividade das máquinas:** A capacidade da IA para gerar arte, música e literatura desafia as noções tradicionais de criatividade. Compreender como as obras geradas pela IA se enquadram na paisagem mais alargada da cultura humana é uma exploração filosófica contínua.

2. **Expansão das definições:** À medida que a IA esbate as fronteiras entre a inteligência humana e a das máquinas, a expansão das nossas definições de inteligência, criatividade e consciência pode levar a uma compreensão mais inclusiva destes conceitos.

Direcções filosóficas futuras:

1. **Filosofia da mente:** A investigação em curso no domínio da filosofia da mente continuará a explorar a natureza da consciência e as suas potenciais manifestações na IA.

2. **Ética da IA:** A ética da IA continuará a ser um domínio vital, abordando questões relacionadas com a autonomia, a agência e as implicações morais da criação de máquinas inteligentes.

Em conclusão, o desenvolvimento e a integração da IA desafiam a nossa compreensão fundamental da inteligência, da consciência e do que significa ser humano. Explorando os limites da auto-consciência, considerando as implicações mais vastas para a humanidade e reflectindo sobre os aspectos filosóficos das mentes artificiais, obtemos uma visão mais profunda das questões existenciais colocadas pela IA. À medida que navegamos nesta paisagem complexa, é crucial fazer considerações ponderadas e éticas para garantir que o avanço da IA contribui positivamente para o nosso futuro coletivo.

Capítulo 10: Conclusão: Navegar no cenário em constante evolução da IA

A viagem pelos domínios da inteligência artificial (IA) é simultaneamente estimulante e complexa, marcada por avanços inovadores e desafios profundos. Ao reflectirmos sobre esta viagem, temos de considerar as lições aprendidas, abraçar o potencial transformador da IA e traçar um rumo para um futuro que dê prioridade ao bem-estar humano e às considerações éticas. Este capítulo final sintetiza a nossa exploração da IA, sublinhando a importância de navegar nesta paisagem em constante evolução com sabedoria e previsão.

Reflexões sobre a viagem: Lições aprendidas e desafios futuros

A rápida evolução da IA tem proporcionado conhecimentos valiosos sobre as suas capacidades e limitações. A reflexão sobre este percurso permite-nos identificar as principais lições e antecipar os desafios futuros.

Lições aprendidas:

1. **Colaboração interdisciplinar:** A integração da IA em vários domínios sublinha a importância da colaboração interdisciplinar. A combinação de conhecimentos de ciências informáticas, ética, psicologia e outros domínios enriquece a nossa compreensão e aplicação da IA.

2. **Considerações éticas:** Os desafios éticos, como o preconceito, a privacidade e a transparência, realçaram a necessidade de quadros robustos para orientar o desenvolvimento da IA. Garantir que os sistemas de IA são justos, responsáveis e transparentes é crucial para a sua aceitação e eficácia.

3. **Conceção centrada no ser humano:** Colocar o ser humano no centro da conceção da IA melhora a experiência do utilizador e promove a confiança. Os sistemas de IA devem ser concebidos com empatia, tendo em conta as diversas necessidades e perspectivas dos utilizadores.

4. **Aprendizagem contínua:** A natureza dinâmica da IA exige uma aprendizagem e adaptação contínuas. Acompanhar os avanços tecnológicos e a evolução das necessidades da sociedade é essencial para maximizar os benefícios da IA.

Desafios futuros:

1. **Gerir a complexidade da IA:** À medida que os sistemas de IA se tornam mais complexos, a compreensão e a gestão do seu comportamento tornam-se cada vez mais difíceis. Garantir que estes sistemas funcionam de forma fiável e previsível é um desafio significativo.

2. **Quadros éticos e jurídicos:** O desenvolvimento de quadros éticos e jurídicos abrangentes para governar a IA é uma tarefa em curso. Equilibrar a inovação com a regulamentação exige uma análise cuidadosa dos diversos interesses das partes interessadas.

3. **Cooperação global:** Para enfrentar os desafios globais, como a governação da IA e as normas éticas, é necessária a cooperação internacional. São necessários esforços de colaboração para garantir que a IA beneficie toda a humanidade.

4. **Mitigar os riscos:** Os riscos potenciais da IA, incluindo a deslocação de postos de trabalho, as ameaças à segurança e os dilemas éticos, devem ser geridos de forma proactiva. O desenvolvimento de estratégias para mitigar estes riscos é essencial para um futuro sustentável da IA.

Abraçar o potencial da IA para uma transformação positiva

A IA tem um enorme potencial para impulsionar uma transformação positiva em vários sectores. Ao aproveitar este potencial, podemos abordar questões globais prementes e melhorar a qualidade de vida das pessoas em todo o mundo.

Inovação nos cuidados de saúde:

1. **Diagnósticos médicos:** A IA pode melhorar a precisão e a eficiência do diagnóstico, conduzindo a uma deteção e tratamento mais precoce das doenças. A medicina personalizada, alimentada pela IA, adapta os tratamentos a cada paciente, melhorando os resultados.

2. **Acessibilidade aos cuidados de saúde:** As soluções baseadas em IA podem alargar o acesso aos cuidados de saúde em regiões mal servidas, fornecendo diagnósticos remotos e serviços de telemedicina que colmatam as lacunas na prestação de cuidados de saúde.

Sustentabilidade ambiental:

1. **Atenuação das alterações climáticas:** A IA pode analisar dados ambientais para desenvolver estratégias de mitigação das alterações

climáticas. Os modelos preditivos ajudam a otimizar a utilização de energia, a reduzir as emissões e a gerir os recursos naturais de forma mais eficaz.

2. **Esforços de conservação:** A AI apoia a conservação da biodiversidade através da monitorização dos ecossistemas, do rastreio de espécies ameaçadas e do combate a actividades ilegais como a caça furtiva e a desflorestação.

Crescimento económico e inovação:

1. **Transformação do sector:** A automatização e a otimização orientadas para a IA aumentam a produtividade e a inovação em todos os sectores, desde a indústria transformadora às finanças. A IA pode simplificar as operações, melhorar a tomada de decisões e criar novas oportunidades de negócio.

2. **Criação de emprego:** Embora a IA possa deslocar alguns empregos, também cria novas funções e sectores. Investir na educação e na formação garante que a força de trabalho se pode adaptar às novas exigências e aproveitar o potencial da IA.

Bem social:

1. **Melhoria da educação:** As ferramentas educativas baseadas em IA personalizam as experiências de aprendizagem, respondendo às necessidades individuais dos alunos e promovendo a aprendizagem ao longo da vida. A IA pode também melhorar a acessibilidade educativa, fornecendo recursos a comunidades carenciadas.

2. **Serviços sociais:** A IA pode melhorar os serviços sociais, identificando os indivíduos necessitados, racionalizando a afetação de recursos e melhorando a eficácia das intervenções.

Traçar um rumo para um futuro centrado no ser humano na era da inteligência artificial

Para navegar no futuro da IA, é essencial adotar uma abordagem centrada no ser humano que dê prioridade a considerações éticas, à inclusão e ao bem-estar de todos os indivíduos.

Princípios para um futuro da IA centrado no ser humano:

1. **Desenvolvimento ético da IA:** Dar prioridade aos princípios éticos, como a justiça, a transparência e a responsabilidade, garante que os sistemas de IA estão alinhados com os valores humanos e os objectivos sociais.

2. **Inovação inclusiva:** Garantir que a IA beneficia diversas populações requer práticas de conceção e desenvolvimento inclusivas. A representação e a participação de vários grupos demográficos ajudam a criar sistemas de IA que servem a todos.

3. **Aprendizagem ao longo da vida:** A promoção da literacia em IA e da educação contínua dota os indivíduos das competências necessárias para prosperar num mundo orientado para a IA. As iniciativas educativas devem centrar-se nos aspectos técnicos e éticos da IA.

Acções estratégicas:

1. **Política e regulamentação:** É crucial desenvolver políticas e regulamentos que promovam o desenvolvimento ético da IA, ao mesmo tempo que fomentam a inovação. Os decisores políticos devem colaborar com os líderes da indústria, investigadores e sociedade civil para criar quadros equilibrados.

2. **Envolvimento do público:** Envolver o público em debates sobre o impacto da IA promove a transparência e a confiança. As campanhas de sensibilização do público e os processos de decisão participativos ajudam a garantir que o desenvolvimento da IA reflecte os valores da sociedade.

3. **Colaboração global:** A resolução dos desafios globais relacionados com a IA exige a cooperação entre as nações. Os acordos internacionais e os esforços de investigação em colaboração podem promover a utilização responsável e equitativa da IA a nível mundial.

Visão para o futuro:

1. **IA para o bem social:** Aproveitar a IA para o bem social implica utilizar a tecnologia para enfrentar os desafios sociais e melhorar a qualidade de vida de todos os indivíduos. Esta visão realça o papel da IA na criação de um mundo mais equitativo e justo.

2. **Desenvolvimento sustentável:** A IA pode contribuir para a concretização dos Objectivos de Desenvolvimento Sustentável (ODS) das Nações Unidas, apoiando os esforços para erradicar a pobreza, garantir uma educação de qualidade, promover a igualdade de género e proteger o ambiente.

3. **Humanidade capacitada:** Um futuro em que a IA capacita a humanidade envolve o aproveitamento da tecnologia para aumentar o potencial humano, promover a criatividade e impulsionar mudanças positivas. Esta visão celebra a sinergia entre o engenho humano e a inovação da IA.

Em conclusão, navegar na paisagem em constante evolução da IA requer uma abordagem ponderada e estratégica que abrace o potencial transformador da tecnologia e, ao mesmo tempo, enfrente os seus desafios éticos e sociais. Reflectindo sobre as lições aprendidas, fomentando uma abordagem centrada no ser humano e promovendo a colaboração global, podemos traçar um rumo para um futuro em que a IA contribua para o bem-estar e o florescimento de todos os indivíduos. À medida que avançamos, é essencial mantermo-nos vigilantes, adaptáveis e empenhados em garantir que a IA sirva como uma força de transformação positiva e de capacitação humana.

Referências:

- Adner R (2017) Ecosystem as structure: an actionable construct for strategy. J Manag 43(1):39-58
- Agboola AO (2015) A economia neoclássica e a nova economia institucional: Uma avaliação das suas implicações metodológicas para a análise do mercado imobiliário. Prop Manag 33(5):412-429
- Ahmad SF, Han H, Alam MM, Rehmat M, Irshad M, Arraño-Muñoz M, Ariza-Montes A (2023) Impacto da inteligência artificial na perda humana na tomada de decisões, preguiça e segurança na educação. Humanit Soc Sci Commun 10(1):1-14
- Atkins S, Badrie I, van Otterloo S (2021) Aplicação de quadros éticos de IA na prática: Avaliando soluções de chatbot de IA de conversação. Comput Soc Res J 1:1-6
- Alderman L, Towers S, Bannah S (2012) Student feedback systems in higher education: A focused literature review and environmental scan. Qual High Educ 18(3):261-280
- Ali O, Abdelbaki W, Shrestha A, Elbasi E, Alryalat MAA, Dwivedi YK (2023) A systematic literature review of artificial intelligence in the healthcare sector: Benefits, challenges, methodologies, and functionalities. J Innov Knowl 8(1):100333
- Anshari M, Hamdan M, Ahmad N, Ali E, Haidi H (2023) COVID-19, inteligência artificial, desafios éticos e implicações políticas. AI Soc 38(2):707-720
- Araujo T, Helberger N, Kruikemeier S, De Vreese CH (2020) In AI we trust? Percepções sobre a tomada de decisões automatizada por inteligência artificial. AI Soc 35(3):611-623
- Arrieta AB, Díaz-Rodríguez N, Del Ser J, Bennetot A, Tabik S, Barbado A, Herrera F (2020) Inteligência artificial explicável (XAI): conceitos,

taxonomias, oportunidades e desafios para uma IA responsável. Inf Fusion 58:82-115

- Baba Y, Walsh JP (2010) Embeddedness, social epistemology and breakthrough innovation: the case of the development of statins. Res Policy 39(4):511-522
- Bartik TJ (1991) Who benefits from state and local economic development policies? W.E. Upjohn Institute for Employment Research, Kalamazoo, Michigan
- Bessen JE (2019) AI and jobs: the role of demand. Documento de trabalho do NBER n.º 24235
- Boenink M, Kudina O (2020) Valores na investigação e inovação responsáveis: das entidades às práticas. J Responsible Innov 7(3):450-470
- Bostrom N, Yudkowsky E (2018) A ética da inteligência artificial. In: Artificial intelligence safety and security. Chapman and Hall/CRC. pp. 57-69
- Bostrom N (2020) Questões éticas na inteligência artificial avançada. In: Machine Ethics and Robot Ethics. Routledge. pp. 69-75
- Bozeman B, Rimes H, Youtie J (2015) The evolving state-of-the-art in technology transfer research: Revisitando o modelo de eficácia contingente. Res Policy 44(1):34-49
- Brynjolfsson, E, & McAfee, A (2014) *The Second Machine Age: Work, Progress, and Prosperity in a Time of Brilliant Technologies*. W. W. Norton & Company
- Burget M, Bardone E, Pedaste M (2017) Definições e dimensões conceptuais da investigação e inovação responsáveis: uma revisão da literatura. Sci Eng Ethics 23:1-19

Printed by Books on Demand GmbH, Norderstedt / Germany